MÉMOIRE

SUR LE

MURIER MULTICAULE,

LU A LA SOCIÉTÉ D'AGRICULTURE,
HISTOIRE NATURELLE ET ARTS UTILES DE LYON,

EN 1837,

PAR M. SÉNON,

L'UN DE SES MEMBRES,
ET DIRECTEUR DE LA PÉPINIÈRE DÉPARTEMENTALE
DU RHÔNE.

Imprimé par ordre de la Société.

LYON,
IMPRIMERIE DE J. M. BARRET.
—
1835.

MÉMOIRE

SUR LE

MURIER MULTICAULE,

LU A LA SOCIÉTÉ D'AGRICULTURE,
HISTOIRE NATURELLE ET ARTS UTILES DE LYON,

EN 

PAR M. HÉNON,

L'UN DE SES MEMBRES,
ET DIRECTEUR DE LA PÉPINIÈRE DÉPARTEMENTALE
DU RHÔNE.

Imprimé par ordre de la Société.

LYON,
IMPRIMERIE DE J. M. BARRET.

1835.

MÉMOIRE

SUR LE

MURIER MULTICAULE,

PAR M. HÉNON,
DIRECTEUR DE LA PÉPINIÈRE DÉPARTEMENTALE
DU RHÔNE.

Dans un moment où les succès des nouvelles magnanières, établies dans quelques départemens, réveillent l'attention du public sur les bénéfices immenses que peut donner l'éducation des vers à soie, les personnes, qui veulent se livrer à ce genre de spéculation, recherchent avec avidité des renseignemens sur le mûrier et sur ses différentes espèces ou variétés. Il en est une, le mûrier multicaule, qui semble appelée à remplacer toutes les autres. L'ampleur et la souplesse de ses feuilles, sa force de végétation, et la facilité avec laquelle il se propage, lui donneraient déjà rang parmi les mûriers à préférer, si des observateurs éclairés, appuyant leurs écrits sur leurs expériences, ne fussent venus le proclamer le meilleur.

Jaloux de payer un faible tribut aux agriculteurs de mon pays, je leur ferai part des observations que m'a fournies cet arbre, et j'examinerai successivement :

1.º L'origine et l'histoire de ce mûrier ;

2.º Ses caractères, et ceux des espèces en circulation dans le commerce sous le même nom ;

3.º Les différens modes de multiplication usités ;

4.º Les soins qu'exigent sa plantation et sa culture ;

5.º Je terminerai par des considérations sur les avantages que présente cet arbre.

§ I.

ORIGINE. — HISTOIRE.

Le mûrier multicaule (1) paraît originaire de l'Asie orientale. Il est cultivé en Chine et dans les îles de l'Archipel asiatique.

(1) *Morus multicaulis.* Perrottet, Ann. de la Société lin. de Paris, mai 1824, p. 129.

Morus tatarica. Desfontaines, Catal. hort. Par. édit. 3, p. 317. Ce n'est pas le même que celui décrit par Linné et Pallas sous ce nom.

Morus bullata. Balbis, Litt. ad D. Loiseleur.

Dans ces derniers temps , M. Perrottet en rapporta plusieurs pieds. Il avait vu cet arbre dans le jardin d'un cultivateur chinois , qui avait émigré de Canton à Manille , capitale des Philippines , et qui lui-même l'avait introduit dans ces îles. M. Perrottet en acheta deux touffes pour deux piastres d'Espagne (1). En août 1821 , il embar-

Morus cucullata. Bonafous, Mém. sur la cult. du mûrier en prairie , 1831.

Morus alba. Var. Sinensis , Bosc. Litt. ad hort. Gall. (Ex D. Eyriès).

Mûrier à tiges nombreuses. Perrottet.

Mûrier à capuchon. Bonafous.

Mûrier à feuilles cloquées. Balbis.

Mûrier à feuilles ridées. Rost.

Mûrier Perrottet. Poiteau, Ann. de la Société d'hort. Paris , 1831.

Mûrier multitige.

Mûrier de la Chine.

Mûrier cuculle.

Mûrier des Philippines.

Mûrier du capitaine Philibert. — M. Philibert, commandant le navire auquel M. Perrottet avait confié ses mûriers.

Cette espèce occupe les cultivateurs et les botanistes européens depuis moins de dix ans, et déjà elle a reçu plus de quatorze noms ! Les épithètes botaniques de *bullata* ou *cucullata*, me semblent mieux caractériser ce mûrier que celle de *multicaulis* ; néanmoins, pour éviter la confusion qui naît ordinairement de cette exubérance de synonymes, je pense qu'il convient mieux d'employer ce dernier adjectif, comme plus généralement adopté.

(1) « Au lieu d'une espèce, le Chinois de Manille en avait

qua son acquisition sur un navire qui le ramenait à l'Ile-Bourbon. Divisés en six parties, et placés dans deux grandes caisses, ces arbres furent coupés à la hauteur de dix-huit pouces. Tous les rameaux servirent à faire des boutures, au nombre de deux cent cinquante. Toutes, *sans exception*, avaient réussi à tel point que, pendant les deux mois que dura la traversée, elles tapissèrent l'intérieur des caisses de leurs racines et poussèrent des tiges hautes d'un à deux pieds. M. Perrottet laissa dans l'Ile-Bourbon deux de ses plants anciens et quelques boutures nouvellement enracinées; il conserva le reste pour Cayenne et la France. Ce mûrier fut ensuite transporté de Cayenne à la Martinique, et de France à la Guadeloupe et au Sénégal, où il est très-multiplié aujourd'hui (1).

La Société d'encouragement, appréciant l'avantage que présentait l'introduction de ce nouvel arbre, et voulant témoigner sa reconnaissance au naturaliste qui l'importait, lui décerna une

» livré deux à M. Perrottet, qui les a multipliées sans les » démêler, et en a laissé des pieds de l'une et de l'autre à » Cayenne. » *Revue horticole*, juillet 1833, p. 271.

(1) Extrait de la Notice sur la culture et les usages du mûrier à tiges nombreuses, par M. Perrottet, botaniste-cultivateur, voyageur de la marine et des colonies. — Ann. de Fromont, tome premier, page 336. — 1830.

couronne (1). Sans élever aucune plainte contre la Société qui encourage le talent, récompense les services et honore les citoyens utiles à leur pays, je viens, au nom d'un homme qui a bien mérité de l'agriculture et de l'industrie, réclamer un fleuron de cette couronne. Le nom de cet homme, contemporain et ami de Rozier, était également connu des cultivateurs, des botanistes et des négocians. Les premiers savaient tous qu'au détriment de sa fortune, il consacra sa longue vie à l'étude de la nature, et fit, de tous les points du globe, affluer près de nous les végétaux de toutes les contrées; quant aux autres, s'ils pouvaient l'ignorer, les voûtes de la condition des soies leur répéteraient encore : *Rast-Maupas !*

Le mûrier multicaule figurait parmi les arbres exotiques et peu connus dont il enrichissait son pays. Il le désignait sous le nom de *mûrier à feuilles ridées.* D'où l'avait-il tiré? c'est une question difficile à résoudre ; cependant M. Jaume Saint-Hilaire, dans son Rapport à la Société royale et centrale d'Agriculture, séance du 18

(1) Sur le rapport de M. Soulange-Bodin, la Société d'encouragement, dans sa séance générale du 26 décembre 1832, a décerné un prix de deux mille francs à M. Perrottet ; MM. Audibert frères et Barthère, pépiniéristes, qui avaient multiplié ce mûrier, reçurent aussi des médailles d'argent.

juin 1834 , a soulevé un coin du voile qui entoure l'origine de cet arbre dans le jardin d'Écully. Lyonnais comme M. Rast, comme lui s'étant emparé des plantes des deux hémisphères, le célèbre Poivre fut son ami intime, et M. Jaume-Saint-Hilaire pense avec raison que si M. Perrottet a introduit récemment cet arbre en France, Poivre a bien pu l'apporter quarante ou cinquante ans plus tôt.

Me défiant de souvenirs déjà éloignés , ce n'était qu'avec hésitation que je parlais de ce mûrier , lorsque j'appris un fait qui confirmait ma croyance. M. Nérard, jardinier-pépiniériste , résidant à Vaize près Lyon , cultive ce mûrier depuis longues années. Son père , me dit-il , l'avait reçu des mains de M. Rast , antérieurement à 1809 , puisqu'à cette époque il perdit , par suite d'un hiver rigoureux , une partie des pieds qu'il en possédait. Ne le considérant point comme préférable au mûrier blanc pour l'éducation des vers à soie, il le cultivait comme arbre d'ornement , destiné à figurer dans les massifs et les bosquets anglais.

Mme veuve Madiot, et M. Seringe , directeur du jardin botanique de Lyon , m'ont communiqué plusieurs observations manuscrites de M. Madiot , sur ce sujet. Dans l'une il est dit : « M. Bosc, ins-
» pecteur des pépinières impériales , visitait en
» juin 1811 la pépinière du Rhône. Je lui fis

» remarquer cette espèce de mûrier, et lui com-
» muniquai une description que j'avais faite. Cet
» habile botaniste m'engagea à continuer mes
» observations sur cet arbre précieux qui était
» chargé de fruits. L'établissement en possédait
» de très-gros, greffés sur des mûriers blancs. »

Ailleurs, après avoir décrit le fruit, M. Madiot
ajoute : « C'est en l'an 9 que je vis pour la première
» fois son fruit. » Une autre note renferme ces
mots : « Le mûrier, que l'on dit avoir été trans-
» porté des Philippines par M. Perrottet, est un
» arbre de seconde grandeur, que j'ai rencontré
» en l'an 7 dans la pépinière de M. Nérard cadet,
» à Vaise. Cette même espèce donne des fruits,
» depuis plus de quinze ans, à la pépinière de
» naturalisation du Rhône. 29 janvier 1832 » (1).

Une preuve irrécusable sans doute, mais qui
manque à l'appui de ce que je viens d'avancer,

---

(1) En juillet 1832, époque à laquelle je fus appelé à suc-
céder à M. Madiot, dans les fonctions de Directeur de la
Pépinière royale de naturalisation du Rhône, cet établissement possédait quatre gros mûriers multicaules, dont trois
portaient fruits. En 1833, l'un de ces arbres, qui semblait
avoir un peu souffert de la sécheresse, fut chargé de fruits
qui mûrirent parfaitement, et nous donnèrent de bonnes graines ; deux autres en fournirent à peine quelques-uns à graines
presque toutes avortées ; le quatrième ne présenta aucun fruit,
quoiqu'il fût égal aux autres en grosseur : c'était celui qui
déjà, l'année précédente, n'en avait donné aucun J'attribue

serait l'existence de l'arbre primitif. Je l'ai vu à Écully, dans un jardin situé devant la maison de M. Rast. Cette propriété fut vendue après décès. Une espèce de vandalisme présida aux changemens que le nouveau maître fit subir au terrain. La hache renversa la plupart des arbres; les chênes et les noyers du nouveau continent, les végétaux précieux de la Polynésie, et généralement tous les arbres rares que portait cette terre furent tronçonnés et livrés aux flammes.

Dans un moment où la Société d'Agriculture se dispose à ériger un marbre en l'honneur de Rozier, j'ai pensé, Messieurs, que je serais le bienvenu près de vous en réclamant un souvenir pour la mémoire de M. Rast, l'un de vos plus honorables fondateurs.

§ II.

CARACTÈRES DU MURIER MULTICAULE, ET DES ESPÈCES EN CIRCULATION DANS LE COMMERCE SOUS LE MÊME NOM.

De tout temps, et dans toutes les professions, on a vu l'appât du gain fomenter les fraudes mer-

la stérilité de cet arbre aux tailles courtes qu'on lui avait fait subir pour en obtenir des boutures, tailles qui avaient été plus fréquentes sur lui. En 1834, ces quatre arbres ne donnèrent point de fruits.

cantiles ; la crédulité les propage. Le mûrier multicaule était une mine à exploiter. La publicité des
résultats obtenus avec cet arbre , la singularité de
son port , le nom des agriculteurs qui l'avaient
expérimenté , entourèrent ce végétal d'une espèce
de mode. Chaque propriétaire voulut en planter
au moins un. Cette espèce , encore peu répandue
dans les pépinières , fut rapidement enlevée ; les
demandes continuant , alors vinrent les substitu-
tions. Plusieurs mûriers , de natures très-diffé-
rentes , furent livrés au commerce sous le nom
de mûriers multicaules , ou mûriers des Philippines. Si les agriculteurs n'y portent toute leur
attention, les conséquences en seront déplorables.
Le même nom désignant des espèces diverses , la
confusion viendra. Les expériences faites dans
des localités différentes , qui ne permettent pas la
comparaison des arbres , fourniront des résultats
différens ; à l'espèce d'engouement qu'inspire ce
mûrier , succéderont le dégoût , l'indifférence ,
l'oubli.

Pour obvier , autant qu'il m'est possible , aux
maux que je prévois , je signalerai les faux mûriers
multicaules que j'ai eu l'occasion d'observer , et
j'engage fortement ceux qui se trouveront dans le
même cas à suivre mon exemple.

Fixons , d'abord , les caractères du véritable
mûrier multicaule qui nous servira de type.

Livré à lui-même, cet arbre peu élevé est ra-
meux dès sa base. Si l'on supprime les nombreux
rejets qui garnissent son tronc, l'emplacement en
est souvent marqué par des chancres ou des bour-
relets, qui lui donnent un aspect noueux et désagréable. Ses pousses, droites et vigoureuses, portent de très-grandes feuilles uniformes, entières,
en cœur, bullées et convexes, crénelées, terminées en pointe, minces, molles et glabres.
Les chatons, alongés et pendans, sont solitaires
ou réunis en petits bouquets. M. Perrottet (1) décrit avec soin l'organisation florale de ce mûrier :
« Chaque fleur mâle est munie d'un calice à
» quatre folioles membraneuses, concaves et
» ovales ; de quatre étamines enroulées avant
» l'épanouissement de la fleur, ayant leurs filets
» pétaloïdes accompagnés par fois d'un appendice
» tridenté; les anthères sagittées et biloculaires.
» Chaque fleur femelle offre un ovaire libre, ter-
» miné par deux styles divergens; cet ovaire est
» uniloculaire, renfermant une seule graine pen-
» dante qui avorte fréquemment. » M. Seringe,
en observant la configuration de la graine, a re-
marqué qu'elle affecte ordinairement la forme
d'un tétraèdre aigu, que les quatre sépales de-
viennent très-succulens pendant la maturation, et

(1) Notice déjà citée. Ann. de Fromont, tome I, p. 336.

entourent étroitement le fruit beaucoup moins charnu qu'eux.

Dépourvu de ses feuilles, cet arbre est aisément reconnu à son bois, dont l'écorce, d'un vert cendré, est parsemée de lenticelles nombreuses, très-apparentes sur les rameaux qui ont un an, et qui, sur le tronc ou les grosses branches, forment souvent de petites lignes transversales; à la force de ses poussées; à ses nœuds très-espacés; à son œil, ou bourgeon conique ou triangulaire, pointu, appliqué contre la tige; aux cicatrices du pétiole, qui sont larges et très-marquées. Dans notre contrée, l'extrémité des rameaux s'*aoûte* rarement bien; elle reste herbacée et meurt, frappée par les premières gelées. Les jeunes arbres qui nous viennent d'Italie, ou seulement de la France méridionale, ont des rameaux mieux *aoûtés*, et la branche entière, jusqu'à l'œil terminal, est grisâtre et pleine de vie. « Le pied cube de ce » bois sec pèse 19 kil. 477 grammes (1). »

Ce mûrier caractérisé : je vais exposer les signes auxquels on reconnaîtra les espèces que l'on présente dans le commerce comme identiques avec lui :

1.° **Mûrier intermédiaire.** *Morus intermedia.* **Perrottet.**

(1) Manuscrit de M. Malliot.

Feuilles glabres, assez grandes, irrégulières, planes et non bullées, à base ovale ou arrondie, quelquefois obliquement cordées, dentées en scie à la circonférence; le plus grand nombre entières, cordiformes, aiguës; les autres à deux, trois, ou cinq lobes aigus, celui du milieu beaucoup plus alongé. Fruit ovale, rouge, peu succulent, d'une saveur désagréable.

L'introduction de ce mûrier en France est due à M. Perrottet qui, lui-même, le tenait d'un chinois résidant à Manille, et l'avait reçu comme mûrier multicaule. La propagation de cette espèce par bouture réussit assez facilement. Plus délicat que le précédent sur la nature du terrain, il craint aussi davantage le froid.

2.° Mûrier Madiot. *Morus multicaulis* de M. Madiot.

Tronc tortu; rameaux noueux, rapprochés les uns des autres; bourgeons courts, arrondis, nombreux, surtout à la base de chaque ramille; feuilles glabres, entières, planes, de grandeur moyenne, à base cordiforme, souvent oblique, dentées en scie, terminées en pointe aiguë; nervures saillantes, la moyenne fréquemment déjetée d'un côté; chatons courts et groupés, plusieurs ensemble; petit fruit oblong, d'un blanc sale ou rosé, d'une saveur fade. « Le pied cube de ce

» bois sec pèse 22 kilog. 4o8 grammes. Il est
» intérieurement jaspé (1). »

Cet arbre, qui ne s'élève guère au-delà de 5
à 6 mètres, a été découvert dans un semis par
M. Madiot (1822). Pensant que le *M. multicaulis*
et le *M. cucullata* devaient constituer deux espèces
distinctes, il donnait le second nom au véritable
M. multicaule, qu'il dénommait aussi M. des
Philippines, ou M. à feuilles ridées. La greffe en
écusson snr le mûrier blanc est la voie la plus
usitée pour propager cette espèce, qui est très-
robuste et résiste parfaitement à nos froids les
plus rigoureux. Cette variété est très-voisine du
mûrier de Constantinople. Ses tiges un peu moins
noueuses et plus droites, ses rameaux moins
touffus, ses feuilles plus alongées et d'un vert
plus clair, le distinguent de ce dernier mûrier.

3.º Mûrier . . . . ?

Port du mûrier blanc à feuilles roses; feuilles
glabres, cordiformes, aiguës, assez grandes,
relevées de nervures un peu saillantes, irrégu-
lièrement dentées en scie; fruit ovoïde, rosé,
succulent, un peu fade.

Cette variété que je n'ai rencontrée qu'une seule
fois, et que je n'ai point été à même d'observer
attentivement, pourrait bien n'être qu'une des

(1) Manuscrit de M. Madiot.

innombrables variétés du mûrier blanc. Il provenait des environs d'Orléans.

4.º Mûrier . . . ?

Port, bois et bourgeons du **M.** multicaule; mais la feuille quoique glabre, molle et d'une belle dimension, en est moins grande, plus étroite, à peine bullée, à base ovale et terminée en pointe très-aiguë.

5.º Mûrier . . . ?

Végétation vigoureuse; bourgeons renflés et triangulaires; feuilles larges, entières, cordiformes-obrondes, légèrement bullées, rudes au toucher, ayant quelqu'analogie avec celles du mûrier du Canada. Les nœuds sont moins espacés que dans le mûrier multicaule.

6.º Mûrier . . . ?

Port et bourgeons du précédent; feuilles larges, plus ou moins rudes, entières ou lobées, le plus grand nombre à trois divisions profondes; nervures saillantes; les feuilles se rapprochent, quant à la forme, de celles du *M. intermedia.*

J'ai encore peu étudié ces trois derniers mûriers. L'aspect extérieur de leur bois est à peu près le même que celui du mûrier multicaule; ils pourraient bien, ainsi que le mûrier intermédiaire, n'en être que des variétés ou des hybrides. Les sujets que j'ai vus et que je possède sont jeunes et n'ont point encore donné de fruits.

§ III.

MULTIPLICATION.

Passant rapidement sur les moyens de multiplication communs à la plupart des végétaux, nous nous étendrons un peu plus sur les diverses manières de faire les boutures; car c'est le procédé le plus généralement employé, le seul qui paraisse offrir quelqu'avantage.

Semis. — Cette voie de multiplication a été encore peu usitée, les arbres de force à donner des graines étant rares. Il est à craindre que ce ne soit pas un bon moyen de conserver cette espèce dans toute sa pureté ; en effet, le petit nombre de semis qui a été fait a déjà fourni des variétés très-nombreuses et fort différentes. J'en ai obtenu à petites feuilles, à feuilles non bullées, à feuilles très-alongées, à feuilles découpées, à feuilles rudes, à dentelures très-fines, etc. MM. Audibert frères ont, par ce procédé, obtenu plus de 70 variétés.

Marcottes. — On peut facilement marcotter cet arbre, soit en buttant ses tiges, soit en les couchant. Elles seront parfaitement enracinées avant la fin de l'année sans qu'il soit besoin de les inciser. L'époque la plus favorable est le mois de mars. Cette manière de le multiplier serait excellente, si les boutures n'étaient d'une réussite assurée et plus commode à faire.

Greffe. — Presque toute espèce de greffe peut servir à propager cette espèce; celle dont on fait le plus fréquemment usage est la greffe en écusson. Les différentes variétés du mûrier blanc la reçoivent très-bien. Ce moyen usité pour élever le mûrier multicaule, sur haute ou basse tige, présente, outre son élévation, un grand inconvénient; car ce mûrier peut, dans nos hivers rigoureux, périr, par l'effet des gelées, jusqu'à son point d'union avec le mûrier blanc; tandis que les ravages du froid, sur les jeunes mûriers multicaules francs, ne s'étendent pas au-delà du collet de la racine; et les branches mortes enlevées, un jet nouveau s'élance du pied et répare le dommage en peu de temps.

Boutures. — L'époque la plus favorable pour cette opération est la fin de mars; elle doit cependant varier de plusieurs jours, ou même de plusieurs semaines, selon les circonstances atmosphériques. Autant que possible, il faudra couper les boutures sur des arbres sains et vigoureux. Le bois doit en être bien aoûté et l'œil déjà gonflé par la sève. Trois gemmes ou yeux sur chaque bouture sont suffisans; il faut aussi avoir le soin de couper le bois au-dessous de l'un de ces gemmes, de façon à ce qu'il se trouve à l'extrémité de la bouture placée en terre; le second étant recouvert par le sol, d'une ligne ou deux seulement, le troisième reste libre à la partie supérieure. Si, par un cas fortuit, ce dernier périssait, l'œil situé à fleur de terre le remplacerait; il en serait de même du premier. En pépinière, un espacement de six pouces serait suffisant pour ces boutures. Si on les place dans une bonne terre, bien meuble, à mi-ombre, si on leur donne quelques arrosemens, surtout pendant les grandes chaleurs, il n'est pas rare de leur voir atteindre une hauteur de quatre a cinq pieds à la fin de l'été. Nous en avons plusieurs qui ont dépassé six pieds. La seconde année et les suivantes, cet arbre ne pousse pas aussi vigoureusement, à moins qu'on ne l'assujétisse à une taille très-courte. Dans les années semblables à celle qui vient de s'écouler, c'est-à-dire, dont le printems est très-sec, il arrive parfois que les boutures, desséchées en apparence, ne donnent aucun signe de vie pendant les premiers mois; qu'on ne se hâte point de les arracher, une pluie tardive rend souvent assez de vigueur aux yeux qui sont en terre pour qu'ils puissent développer des rameaux et des racines.

Des boutures faites à différentes époques (1),
ont réussi de façon à prouver qu'on pourrait, s'il
en était besoin, les faire en toutes saisons. Je
n'en excepte pas même celles de la plus grande
végétation et de la plus forte chaleur. Il est vrai
que les boutures faites pendant ces derniers
temps seront plus faibles que celles du mois de
mars, et résisteront difficilement aux gelées, si
l'hiver est rigoureux.

La rapidité avec laquelle on trouvait l'écoule-
ment des produits a fait chercher tous les moyens
de multiplier cet arbre. Voici l'un des procédés
usités dans le bel établissement de M. Soulange-
Bodin, à Fromont, près Ris (Seine-et-Oise) :
« Il fait des boutures herbacées étouffées sous

(1) Voici le relevé du nombre des boutures et de la date
de leurs plantations :

Cinq cents, le 10 mars 1833 ;
Soixante-cinq, le 15 juin 1833 ;
Cent quatre-vingt, le 22 août 1833.
Seize, le 14 décembre 1833.
Dix, le 30 décembre 1833 ;
Trente-cinq, le 6 février 1834 ;
Plus de trois mille, les 3, 4 et 5 mars 1834 ;
Vingt-quatre, le 22 mai 1834 ;
Environ deux cents pendant les mois de juin, juillet et
août 1834 ;
Vingt, le 4 septembre 1834. Ces dernières ont été favori-
sées par d'abondantes pluies ; néanmoins dix sont mortes.
Plusieurs des survivantes ont atteint la hauteur d'un pied.

» chassis; elles y passent l'hiver, s'enracinent
» fortement, et, au printems, on les plante
» en lignes dans la pépinière; par ce moyen, on
» gagne une année de végétation (1). » Des
boutures herbacées, faites en plein air, ne m'ont
point fourni un résultat satisfaisant : sur une cen-
taine environ, deux seules ont réussi. M. Camille
Beauvais (2), qui avait tenté la même expérience dans le *domaine des Bergeries* (Seine-et-
Oise), n'a pas été plus heureux.

J'ai mis en terre des rameaux, n'ayant qu'un
seul œil, et, seul, il a fourni une tige et les
racines propres à la nourrir. M. Loiseleur-Deslonchamps avait, depuis long-temps, signalé la
facilité avec laquelle réussissaient ces boutures à
un seul œil (3).

MM. Audibert frères ont, dès le principe,
considérablement multiplié ce mûrier en boutu-
rant isolément chaque œil. Pour cela ils l'enle-
vaient, comme s'il se fût agi de le greffer, avec

(1) Revue horticole. Octobre 1833, p. 310.

(2) M. C. Beauvais, ex-négociant, dont notre ville s'honore,
auteur d'une Lettre à M. Bonafous, sur la culture du mûrier
et l'éducation du ver à soie, s'est voué à cette branche de
l'agriculture, et possède le rare talent d'inspirer à ceux qui
l'approchent ses vues de progrès et l'enthousiasme dont il est
animé.

(3) Annales de la Société d'horticult. de Paris. Juillet 1829.

la seule différence qu'ils laissaient un peu de bois. Ils plantaient ces gemmes dans des terrines remplies de terreau tamisé, et l'on avait le soin de leur donner de tems en tems des arrosages légers, pour maintenir l'humidité. Dès que l'éruption des jets avait eu lieu, on les transplantait en ligne dans la pépinière, et on les traitait comme les autres boutures.

M. Audibert aîné, aussi distingué par son savoir que par son aménité, m'a assuré que des fragmens de branche, sans aucun gemme apparent, placés en terre, pouvaient donner, dès la seconde année, une tige munie de racines. Il expliquait ce fait par la présence des nombreuses lenticelles grisâtres dont est pourvue l'écorce de cet arbre, qu'il qualifiait, avec tant de raison, du titre de *polype végétal.*

§ IV.

PLANTATION. — CULTURE.

Ce mûrier, comme nous l'avons dit, est peu propre à être élevé sur haute tige ; ses rameaux, très-alongés, sont garnis de grandes feuilles bullées qui chargent trop, donnent prise aux vents, qui les déchirent et rompent les branches. D'ailleurs, une partie des avantages que sa culture présente cesserait. L'on ne pourrait plus employer des femmes et des enfans pour la récolte ; l'arbre , plus fragile par suite de l'extrême alongement de ses rameaux , demanderait plus d'attention pour la cueillette des feuilles , et par conséquent perte de tems plus grande. Les pousses, sur une tige élevée , sont d'autant moins vigoureuses et productives qu'elles s'éloignent davantage du collet de la racine , à moins qu'on n'ait le soin de rabattre totalement les ramilles sur les branches , opération qu'il faudrait renouveler toutes les années. Un autre inconvénient , non moins grave, consiste dans les chancres nombreux que causeraient ces tailles souvent répétées , attendu que le bois , croissant plus rapidement que celui des autres espèces , est plus tendre , plus sujet à se détériorer , à se pourrir , sous l'influence de la lumière , de l'air et des pluies.

Tous ces obstacles disparaissent si l'on maintient ce mûrier nain.

Arbres sains , végétation précoce , rameaux vigoureux , feuilles belles , larges , en quelque sorte soyeuses; absence des fruits ; rapidité dans la jouissance des produits ; économie de tems, de terrain , et du prix de la main-d'œuvre pour la cueillette : tels sont , en partie , les avantages que présente la culture en nains.

L'on doit préférer , pour une plantation de ce

genre, un terrain bien ameubli, substantiel et
léger. Dans un sol aride, ce mûrier végète mal;
ses feuilles n'acquièrent point cette ampleur
qu'elles prennent dans une terre que l'on peut
facilement irriguer ; car cette espèce est plus
avide d'eau que ses congénères. M. Perrottet a
observé « qu'une trop grande quantité d'eau n'a
» jamais paru lui être nuisible, lors même que
» ses racines en étaient souvent submergées; au
» contraire, c'était alors que les feuilles prenaient
» un grand développement (1). » Néanmoins cet
arbre est assez robuste pour résister à de grandes
sécheresses; c'est ainsi que des plantations faites
au Sénégal, dans de mauvais terrains, ont réussi
au-delà de ce qu'on était en droit d'en attendre.
Sous notre ciel moins brûlant, mais dont les
nuits sont moins humides, nous avons des co-
teaux sablonneux qui présentent peu d'alimens aux
arbres. L'acacia (*R. pseudo-acacia L.*) et le fé-
vier (*G. triacanthos L.*) y croissent lentement;
le mûrier blanc y montre chaque année ses
feuilles chétives et jaunes. Dans ce lieu, le mûrier multicaule semble encore présenter ses larges
feuilles comme un gage de succès à celui qui
voudrait tenter sa culture, même dans une pa-
reille localité.

(1) M. Perrottet, Notice précédemment citée.

Les fosses qui doivent recevoir les arbres seront ouvertes quelque tems par avance. Il y aurait souvent économie à faire, non point de petites fosses pour chaque arbre, mais une série de fossés dans toute la longueur des lignes. La profondeur et la largeur seront réglées d'après la force des sujets et l'état de leurs racines.

Si la plantation est considérable et la main-d'œuvre rare, on pourra la commencer dès la mi-octobre, la suspendre pendant les fortes gelées et continuer lorsqu'elles seront passées. Dans le cas contraire, il est mieux d'attendre le mois de mars, afin que les arbres, passant l'hiver dans un terrain où ils sont enracinés, n'aient rien à craindre du froid. Tous savent qu'il faut effeuiller les mûriers que l'on plante en octobre, et que l'on doit écarter des racines les mottes de terre gelée, quand la plantation a lieu en hiver.

On choisira pour la raison que j'ai donnée (§ 3) de jeunes mûriers francs de pied, ou boutures enracinées d'un, deux ou trois ans. Si l'on ne trouvait que des mûriers multicaules, greffés rez-terre sur des mûriers blancs, il faudrait différer la plantation ou bien enterrer la greffe de quelques pouces, de façon à ce que ce mûrier pût former de nouvelles racines à son point d'insertion sur le sujet. De cette manière on l'obtiendrait franc; mais il faudrait encore surveiller les rejetons des racines du mûrier blanc et les détruire au fur et à mesure de leur apparition : aussi doit-on , tant que faire se pourra , donner la préférence à ce mûrier franc de pied.

On plantera ces jeunes arbres en lignes à deux pieds environ les uns des autres. On les ravalera à trois ou quatre pouces au-dessus du collet de la racine pour faciliter l'éruption des branches et la formation de la touffe. Ces lignes seront espacées entre elles de six à huit pieds , de manière à former, dès leur quatrième année , une série de haies séparées les unes des autres par un sentier.

Les personnes , qui n'adoptent point la culture en haies et veulent conserver à leurs arbres toute liberté , doivent espacer davantage en tous sens. M. Camille Beauvais, qui cultive une grande quantité de mûriers blancs en nains, a reconnu par expérience que la distance la plus convenable était de douze pieds dans un sens, et de sept à huit dans l'autre. D'après cet agriculteur , un hectare ainsi réglé , contiendrait mille mûriers. L'espèce qui nous occupe , ayant plus de tendance à donner des jets verticaux , demandera un espacement un peu moins grand.

Ces données peuvent être modifiées selon les intentions du planteur. Les distances que je propose sont celles qui m'ont paru réunir le plus d'avantages.

Dans le cours de l'année qui suivra la plantation , on sarclera plusieurs fois , et l'on donnera deux ou trois binages ou de légers labours à la bêche. La terre ameublie recevra plus facilement la bienfaisante influence de l'air et des pluies ; les radicules devenant plus nombreuses apporteront à l'arbre des sucs nourriciers en plus grande abondance et mieux élaborés. Le cultivateur veillera aussi sur les pousses nouvelles. Il ne permettra pas qu'elles s'encombrent les unes les autres , et d'une main habile il supprimera toutes celles dont la végétation chétive ne promettrait pas des branches vigoureuses.

Pendant les deux premières années , l'on pourrait tirer parti du terrain situé dans l'intervalle des lignes ou haies. Des céréales , des légumes , des racines , etc. , fourniraient au propriétaire une indemnité pour les soins que sa plantation réclame.

Si quelques arbres languissent , on les taillera très-court , on visitera leurs racines , on enlèvera une partie de la terre qui les recouvre , on la remplacera par une autre de qualité supérieure , à laquelle on pourra même ajouter quelqu'engrais à demi-consommé.

Cet arbre exige peu d'engrais ; deux ou trois binages , par année , sont suffisans pour entretenir la terre en bon état. Quel que soit l'instrument employé à cet effet, on ne saurait trop recommander aux cultivateurs l'attention toute particulière qu'ils doivent mettre à éviter les déchirures ou la rupture des racines.

Avant l'instant où les mûriers entrent en sève, il est bon qu'un ouvrier muni d'une serpette parcoure les lignes et enlève l'extrémité des rameaux que la gelée a tuée; car l'on voit quelquefois cette mort des extrémités se propager, descendre des rameaux aux branches et entraîner la perte du végétal (1).

A la même époque, c'est-à-dire, lorsque les plus grands froids sont passés, on doit tailler les arbres. Pour cette opération, le cultivateur se rappellera que le but constant de la taille est de forcer l'arbre à se garnir de feuilles de bas en haut; ainsi toute tige, qui ne serait pas rameuse dès sa base, doit être coupée à deux ou trois yeux. Tous les quatre ou six ans, selon la nature du sol, il conviendra de ravaler les branches sur la souche. Cette opération, que l'on doit faire partiellement, rendra à l'arbre toute sa vigueur première, et les tiges retranchées serviront à faire de nouvelles boutures, destinées à l'accroissement de la *mûrière*, ou mises en pépinière et vendues par le

(1) Observation de M. Noisette. — Revue horticole, octobre 1833, p. 307.

propriétaire pour rentrer dans les déboursés que la plantation première lui a occasionés.

Voici en quels termes M. Bonafous s'explique sur la durée d'une *mûrière* de mûriers multi-caules (1) : « Trop peu d'années se sont encore » écoulées depuis l'introduction du mûrier des » Philippines, pour qu'on puisse indiquer avec » exactitude la durée que peut avoir une mû- » rière plantée en individus de cette espèce; » il est cependant vraisemblable qu'on peut la » maintenir en rapport progressif pendant quinze » à vingt ans. Le bénéfice que l'on retirera de la » coupe de bois et des souches, paiera ample- » ment toutes les avances que le cultivateur aura » faites pour l'établissement et l'entretien de sa » mûrière.

» Après cette exploitation, on peut retirer du » sol d'autres produits qui viennent très-bien sur » une terre que l'extraction des souches et des » racines a ameublie, et qui depuis long-tems » n'a donné aucune récolte herbacée. »

Les produits de ces mûrières seraient tellement avantageux que l'on conçoit à peine comment le nombre ne s'en est pas augmenté plus rapide-ment. La raison principale, celle qui a arrêté

(1) Mémoire sur la culture du mûrier en prairie. — Paris, 1831, page 14.

jusqu'à ce jour les plantations de ce mûrier, est
le doute dans lequel les détracteurs de cet arbre
ont jeté le public en le lui représentant comme
très-sensible au froid. Malgré l'assertion contraire
et les écrits de ceux qui le cultivent, on hésite
encore. La précocité unie au prolongement tardif
de la végétation de cet arbre a coloré d'un
vernis de réalité cette fausse allégation; en effet
la gelée seule vient arrêter la croissance de ses
rameaux, et les surprend presque toujours parés
de leurs feuilles. Si le froid n'est pas arrivé gra-
duellement, l'extrémité des tiges, encore en sève,
meurt; mais cet effet de la gelée ne s'étend pas
au-delà de la partie herbacée, qui a de quatre à
huit pouces de longueur, et ne porte aucun pré_
judice à l'arbre, surtout lorsque l'on a la précau-
tion d'enlever le bois mort, au moment de la
taille.

Pour donner plus de poids à mon opinion, je
citerai celle de trois hommes marquans en agriculture. M. Berlèse, membre de la Société d'hor-
ticulture de Paris : « Il est prouvé que les froids
» les plus rigoureux n'ont aucunement altéré sa
» végétation (1). » M. Poiteau, dont les publications nombreuses sont toujours l'expression fi-

(1) Nouvelles observations sur le *Morus multicaulis*. Annales de Fromont. — Février 1833.

dèle d'une pratique éclairée : « Dans l'intention
» de me former un jugement à ce sujet, j'ai été
» examiner le mûrier Perrottet de l'école du jardin
» des plantes, qui est à peu près du même âge
» que ceux de M. Noisette ; je l'ai trouvé en
» parfait état de santé, et n'offrant aucun indice
» d'avoir souffert de l'hiver 1829-1830 (1). »
M. Bonafous, l'apôtre du Mûrier et du ver à
soie : « Ce que l'on peut dire avec assurance,
» c'est que le mûrier des Philippines n'est pas
» plus sensible au froid de nos contrées que le
» mûrier blanc, quoique d'une consistance plus
» poreuse et d'une introduction très-récente.

» Dans l'hiver mémorable de 1830, où le ther-
» momètre de *Réaumur* descendit à plus de quinze
» degrés, ses rameaux furent atteints du froid à
» leur sommité, comme dans l'espèce ordinaire ;
» mais ils ne tardèrent pas à se rétablir en aussi
» peu de temps (2). »

§ V.

AVANTAGES.

Plusieurs publications attestent déjà la supériorité du mûrier multicaule sur le mûrier blanc. En

(1) Revue horticole. — Octobre 1833.
(2) Mémoire cité, page 9.

première ligne se trouvent les écrits de MM. Perrottet , Bonafous et Lomeni. Leur concision ne permet pas d'en faire un extrait, ils doivent être lus en entier. Nous nous permettrons , néanmoins, de leur emprunter encore quelques passages et de réunir une partie des résultats de leurs expériences , afin de rendre plus saillans les avantages qu'offre la culture d'un mûrier qui l'emporte de beaucoup sur ses congénères :

1.° Par sa facilité reproductive. Nous avons vu dans le § 3 combien la multiplication de cet arbre est facile. *Les boutures* , que l'on doit préférer aux semis , aux marcottes et aux greffes , *reprennent aussi bien que celles du saule , et mieux que celles de plusieurs espèces de peupliers.*

2.° Par la précocité de son feuillage qui surpasse de beaucoup celle des autres mûriers. Il résulte des expériences de M. Dupuits de Maconet que les branches de cet arbre, frappées deux fois , à peu d'intervalle , par des gelées tardives , perdirent deux fois leurs bourgeons , et que néanmoins le développement des troisièmes bourgeons fut plus hâtif de dix jours que celui des autres espèces plantées dans le même terrain. Ces arbres ne paraissaient nullement avoir souffert. Les troisièmes bourgeons avaient complètement réparé les dommages occasionés par les gelées précédentes.

3.° Par l'ampleur de sa feuille qui permet d'en

ramasser, dans un tems donné, une bien plus grande quantité. Les personnes qui font la cueillette des feuilles, faisant par sac une grande différence de prix entre les feuilles découpées du sauvageon et celles du mûrier greffé, devront nécessairement diminuer leurs prétentions, lorsqu'il s'agira de cueillir des feuilles qui ont quelquefois jusqu'à douze pouces de long sur dix de large.

4.° Par les produits obtenus des vers nourris avec cette feuille.

M. Bonafous a élevé comparativement et dans les mêmes circonstances des vers à soie avec les feuilles du mûrier blanc et du mûrier multicaule. Il a obtenu des milliers de cocons de même fermeté. Il ne put apprécier que des différences minimes dans la finesse et la légèreté de la soie.

La soie obtenue par M. Perrottet au Sénégal ne le cédait en rien aux plus belles soies du commerce.

Pendant le cours de l'année 1829, M. Loiseleur-Deslonchamps a fait en petit deux éducations comparatives de vers à soie : la première avec le mûrier blanc, la seconde avec le mûrier dont nous nous occupons. Les cocons obtenus des vers nourris avec le second lui ont paru offrir quelque chose de plus en poids.

« M. Maupoil, pépiniériste au Dolo, sur la

» Brenta, ayant nourri des vers à soie, exclusi-
» vement avec la feuille de cet arbre, a obtenu
» une soie tellement supérieure, qu'il lui a été
» décerné (1833) un prix d'encouragement par
» l'administration agricole du royaume (1). »

En 1832 M. Neuvesel aîné, propriétaire à Gi-
vors (Rhône), fit des plantations assez considé-
rables en mûriers multicaules, et dès 1833 il
commença une éducation de vers à soie avec
quelques-uns de ces arbres. Les vers mangèrent
la feuille avec une grande avidité, et lui donnèrent une soie dont la supériorité ne pouvait
être contestée.

De toutes les expériences faites jusqu'à ce jour,
les plus concluantes sont celles de MM. le doc-
teur Lomeni de Milan, et Alex Visconti d'Ara-
gona. Ils ont opéré avec toute l'impartialité
d'hommes qui recherchent la vérité, et leurs résultats sont tels qu'il ne doit plus rester aucun
doute à celui qui veut entreprendre une éducation
de vers à soie. Leur Mémoire consigné dans les
annales de l'agriculture française (2) démontre :
« 1.º que le mûrier des Philippines est aussi
» propre que le mûrier blanc, et par conséquent
» qu'aucun autre à nourrir les vers à soie; 2.º que

(1) M. Berlèse, Observations citées.
(2) Troisième série, tome II. Juin 1833.

» ses feuilles sont plus abondamment pourvues
» des substances alimentaires qui contribuent à
» la préparation de la matière soyeuse ; 3.º que
» les cocons des vers qui en ont été nourris sont
» susceptibles de produire une soie dont le titre
» manque encore à notre commerce ; 4.º qu'au
» moyen de cette soie, l'industrie manufacturière
» peut donner aux étoffes, avec le même poids,
» un degré de finesse qu'elles n'ont jamais atteint
» sans rien ôter à la force voulue, et qu'ils en
» fournissent une quantité bien plus grande. »

A tous les avantages que présente naturellement cet arbre, si vous ajoutez ceux de la culture en nains ou en haies, vous obtiendrez :

1.º La possibilité de le cultiver dans les localités qui n'ont qu'une très-mince couche de terre ;

2.º Une végétation plus précoce et plus vigoureuse ;

3.º Une grande abréviation dans l'attente des produits ;

4.º La faculté de faire ramasser la feuille plus promptement et sans danger par des femmes ou des enfans, dont le prix de la journée est moitié moins élevé que celui des hommes employés à ce travail ;

5.º L'absence totale des fruits.

Nous terminerons en disant avec M. Berlèze : « Tant de raisons fondées doivent engager tous

» les agriculteurs français aussi bien que les étran-
» gers, dans leur intérêt particulier, comme dans
» celui de leurs pays, à étendre de plus en plus
» la culture d'un arbre dont les qualités précieu-
» ses, qui le distinguent si fort des autres es-
» pèces, tendent à améliorer de plus en plus
» une des branches les plus importantes du com-
» merce. »

LETTRE

ADRESSÉE A M. HÉNON,

SUR LE MURIER MULTICAULE,

PAR M. DUPUITS DE MACONET.

Monsieur,

La lecture d'une Notice de M. le baron d'Hombres, sur le Mûrier des Philippines, m'a fait
naître le désir de vous faire part de quelques
réflexions à ce sujet.

La Société d'Agriculture de Lyon, en ordon-
nant l'impression de votre Mémoire sur cet arbre

précieux, a bien mérité des agriculteurs ; car je ne doute nullement que ce mûrier n'opère une espèce de révolution dans l'industrie qui embrasse l'éducation des vers à soie et la culture de l'arbre qui les nourrit , soit par la facilité avec laquelle ce dernier se propage , soit par l'amélioration du fil des premiers. Cependant , pour que votre Mémoire produise tout le bien possible , il ne suffit pas qu'il signale tous les avantages qui peuvent résulter de la culture du mûrier des Philippines , il convient encore de détruire les erreurs qui entretiennent des préjugés contraires à sa propagation , surtout lorsque ces erreurs sont partagées par des personnes qui peuvent faire autorité.

Ainsi , je lis dans la Notice de M. le baron d'Hombres , que le mûrier des Philippines ne pousse pas de boutures aussi facilement qu'on l'a avancé jusqu'ici (ses propriétés sont situées dans le midi de la France). Quant à moi , je déclare que , depuis plusieurs années que je cherche à le propager , je l'ai constamment vu reprendre de boutures avec autant de facilité que *le saule et le peuplier*. En effet , je le cultive sur un sol très-sec , composé d'une terre rouge , très-siliceuse et pierreuse , dont le sous-sol , à une profondeur de deux ou trois pieds , est un gravier gris qui laisse passer l'eau comme un crible. Sa facilité à pousser de boutures m'est d'autant mieux démontrée que cette année, à une sécheresse de printems très-forte et très-prolongée, se sont jointes des gelées tardives qui avaient détruit tous les boutons. Aussi quelle surprise agréable de voir, à deux ou trois pour cent près, tous mes plants avec des tiges de quatre à cinq pieds, après les circonstances les plus défavorables et sans jamais avoir été arrosés.

A l'égard de sa précocité.

M. le baron d'Hombres donne des détails sur l'effet des gelées du printems, d'où il résulterait que, toutes les années, le mûrier des Philippines est atteint, dans le midi de la France, au moment de la première sève, quelquefois même à plusieurs reprises, au point de compromettre l'éducation des vers qui en seraient nourris exclusivement. D'où il résulterait que sa précocité, que je regarde comme un avantage dans le lieu que j'habite, serait, dans le Midi, un motif pour l'exclure. Le climat des environs de Lyon serait-il privilégié et supérieur à celui des départemens méridionaux (1)? Ce qu'il y a de certain, c'est que depuis cinq ans que je cultive le mûrier des

(1) Les 17 et 19 avril dernier, une forte gelée blanche s'est fait ressentir à Alais (Gard); tandis que sur le côteau qui borde le Rhône, au-dessus de Lyon, nous n'avons eu dans ce mois aucune gelée blanche.

Philippines, je ne l'ai vu touché par les gelées du printems que cette année seulement. En février, les bourgeons qui avaient commencé à se développer furent détruits; en mars, des gelées, plus fortes que celles de février, atteignirent l'extrémité des tiges. Enfin, des bourgeons nouveaux ont percé l'écorce dans le mois d'avril, et ont continué sans autre accident leur période de végétation, conservant sur les autres mûriers une avance de plusieurs jours.

M. le baron d'Hombres se serait-il trompé quant à l'espèce de mûrier dont il nous entretient? ou le climat peut-il occasioner des différences aussi notables?

Agréez, etc.

DUPUITS DE MACONET fils,
De la Soc. d'Agric. de Lyon, ancien élève
de l'École polytechnique.

La Pape, 15 novembre 1834.

FIN.

www.ingramcontent.com/pod-product-compliance
Lightning Source LLC
LaVergne TN
LVHW010439060726
842527LV00005B/1597